HISTORIQUE

DU

MÉTIER JACQUARD

PAR M. PAUL EYMARD

LU A LA SOCIÉTÉ IMPÉRIALE D'AGRICULTURE, D'HISTOIRE NATURELLE ET DES ARTS UTILES DE LYON, DANS SA SÉANCE DU 13 FÉVRIER 1863

LYON
IMPRIMERIE DE BARRET
RUE GENTIL, 4

1863

HISTORIQUE

DU

MÉTIER JACQUARD

PAR M. PAUL EYMARD.

Lu à la Société impériale d'agriculture, d'histoire naturelle et des arts utiles de Lyon, dans la séance du 13 février 1863.

Dans une note sur une collection de métiers exposés par M. Marin, que j'ai eu l'honneur de lire à la Société d'agriculture de Lyon, j'exprimais, au sujet de Jacquard, des idées qui pouvaient faire croire que l'invention de cette mécanique célèbre n'était pas complétement son œuvre.

Ces quelques mots ont suffi pour me valoir de la part de plusieurs personnes, et notamment de deux membres de cette Société, des réclamations fort vives contre la renommée dont le nom de Jacquard est entouré.

C'est cette circonstance qui m'a déterminé à faire des recherches sur l'invention attribuée à notre compatriote. Les renseignements que j'ai pris, joints aux documents que j'avais, m'ont mis à même de pouvoir présenter une série de faits qui permettront de juger du mérite de l'inventeur et de l'invention.

Comme en histoire la vérité est la seule base admissible. et que le devoir de ceux qui la connaissent est de la produire.

tout entière, j'ai donc cru devoir entreprendre de la mettre au grand jour.

Je n'avancerai rien que je n'aie vu, ou dont je n'aie eu des preuves ou tout au moins des indications certaines. Ma tâche sera toute tracée, puisque je n'aurai qu'à constater des faits desquels il sera facile de tirer une conclusion.

J'ai apporté toute l'impartialité possible dans l'appréciation des différentes phases par lesquelles a passé cette invention; n'ayant d'autre but que de jeter le jour sur l'origine d'un grand fait industriel qui, quoique récent, est entouré d'une certaine obscurité. Si mes efforts ont réussi, je croirai avoir rempli le devoir que je me suis imposé.

L'industrie, dans les siècles qui nous ont précédés, tenait si peu de place dans l'histoire des villes, que c'est à peine si les auteurs qui ont écrit la vie des cités en ont fait mention, et s'ils l'ont fait, c'est en termes si généraux que l'histoire du travail disparait devant celle des guerres, des siéges, des querelles entre gouvernants et gouvernés, et des épisodes plus ou moins véridiques qui ont rempli les temps anciens.

De nos jours, la vie de bien des villes, et de la nôtre surtout, c'est l'industrie. Tout ce qui se rattache à son histoire est donc chose importante. Les documents que je viens communiquer en font partie, et, à ce titre, doivent, je le pense, y trouver leur place.

Le tissage de la soie qui, à Lyon, joue un si grand rôle, a eu ses phases comme toutes les industries, et, sans m'arrêter à tous les perfectionnements successifs, dont j'ai déjà sommairement entretenu la Société d'agriculture dans le temps, je me propose seulement de faire l'historique de la mécanique qui porte le nom de Jacquard.

La vérité que j'ai à dire sur l'origine et les perfectionnements de cette machine, aujourd'hui connue du monde entier, modifiera peut-être certaines idées reçues, et trop légèrement acceptées, sur les véritables créateurs de cet ingénieux mécanisme.

Loin de moi la pensée de vouloir attaquer la gloire qui se rattache à cette invention ; mais établir la part de chacun de ceux qui y ont contribué, mettre en lumière des noms ignorés ou tout au moins presque oubliés aujourd'hui : ce n'est que justice. Et si le mérite collectif de ces industriels n'est exprimé aujourd'hui que par un seul nom, qui est celui de *Jacquard;* il est bien, pendant qu'il en est temps encore, de recueillir des faits qui se sont passés presque sous nos yeux, pour que la vérité soit connue et qu'il soit rendu à chacun son mérite.

En voyant l'auréole dont est entouré le nom de Jacquard, continuateur intelligent, il est vrai, de l'illustre Vaucanson, véritable inventeur de la machine à tisser, l'on ne peut se défendre de déplorer l'injustice de la renommée qui, en proclamant ce nom au monde entier, a laissé dans l'oubli les noms de Dutilleu, Breton, Culhat, Skola et autres, qui ont bien, eux aussi, puissamment contribué à la propagation de l'idée de Vaucanson.

L'opinion publique a toujours été mal renseignée sur Jacquard et sa mécanique. Beaucoup trop vanté par les biographes, les romanciers et les poètes, qui en ont fait un génie incompris, martyr de ses découvertes, et ils se sont même crus obligés de flétrir l'ingratitude de ses concitoyens qui l'ont, disent-ils, méconnu. Il a été également trop rabaissé par ses détracteurs, qui n'ont vu en lui qu'un plagiaire inintelligent, n'ayant concouru en rien à la production de cette mécanique dont la simplicité actuelle a fait la fortune.

Trop d'éloges, d'une part, et trop de blâme, de l'autre, ont obscurci la vérité. Rétablir cette vérité des faits est le but que je me propose.

Trop heureux si je réussis à faire qu'un rayon de cette gloire qui entoure le nom de Jacquard vienne mettre en lumière les noms de ceux qui ont contribué avec lui au succès de la célèbre machine, et à qui la postérité industrielle doit rendre les hommages qu'ils méritent.

Toutes les grandes inventions ne sont pas sorties parfaites de l'imagination du génie qui les a enfantées. Presque toutes sont un résumé des connaissances acquises, elles apparaissent providentiellement au moment utile. Si Jacquard n'a pas eu le génie d'inventer sa mécanique de toutes pièces, il n'en a pas moins celui incontestable de la combinaison des inventions qui l'ont précédés. Il s'est appuyé sur les idées successives de Bazile Bouchon, dont le métier à aiguilles, point de départ, parut en 1725; de Falcon, qui le perfectionna en y ajoutant des cartons en 1734; et enfin de Vaucanson dont l'invention parut en 1750 environ. De ces trois idées combinées, Jacquard aidé, il est vrai, par d'intelligents collaborateurs, est arrivé à cet ensemble qui constitue la mécanique qui fonctionne de nos jours.

La première machine qui vint modifier l'emploi de la grande et petite tire, due à l'ouvrier Dangon et en usage depuis 1606, fut celle de Bazile Bouchon qui, en 1725, eut l'idée de substituer à la complication inextricable des nœuds et des cordes, des aiguilles portant des crochets, repoussées ou maintenues dans leur position au moyen de trous percés sur un papier sans fin.

Cette idée fut une heureuse découverte, car c'est elle qui fut le germe du système Jacquard, et qui en est la principale économie. Elle fut bientôt modifiée par Falcon vers l'année 1734; il substitua au papier des bandes de carton rectangulaires percées de trous, et enlacées comme nous les voyons aujourd'hui pour les dessins de Jacquard.

Ce système ne supprimait point le tireur de lacs, mais rendait son travail moins pénible et plus précis; les cartons enlacés sur lesquels étaient lus le dessin se déroulaient au-dessus de sa tête et étaient appliqués successivement par une pression exercée par lui contre une planche armée d'aiguilles pouvant rester fixes ou reculer; qui, repoussées dans les parties pleines du carton, laissaient en repos les maillons qui y étaient attachés, et qui n'étant pas repoussées dans la partie percée du carton, fonctionnaient en levant les maillons, ce qui formait le façonné par le jeu différent des fils.

Ce métier, qui offrait cependant un grand avantage sur le métier à la tire, ne fut jamais d'un usage bien répandu. L'exécution de ce système avait été long et avait passé par de nombreux tâtonnements; car ce n'est qu'en 1748, quatorze ans après l'invention, que Falcon parvint à établir pour la confection des cartons, un *lisage* dont il fit un secret de famille; et soit qu'il ne pût produire qu'un nombre de cartons limité, soit que ce métier entraînât un outillage auquel les ouvriers n'étaient pas accoutumés, il n'y en eut jamais plus de cent établis à Lyon, dont l'usage s'est prolongé jusqu'en 1810 ou 1812 environ. Cependant, en 1825, j'ai encore pu en voir fonctionner un dans la rue St-Georges, chez un ouvrier nommé Glénard, qui fabriquait une étoffe pour ornement d'église, dont le même dessin, disait-il, lui avait été légué par son grand-père, qui le tenait lui-même de son prédécesseur. Selon toute probabilité, ce spécimen du métier de Falcon fut un des premiers établis et certainement le dernier fonctionnant.

Peu de temps après la découverte de Falcon, l'illustre Vaucanson s'occupait de mécanique appliquée au tissage. En 1745, il exposa, à Lyon, un métier automatique pour tisser la soie, mais seulement pour les tissus unis. Quelques personnes ont avancé que ce métier de Vaucanson était celui qui, plus tard, a servi de modèle à Jacquard; mais il n'en est rien; car, dans le *Mercure de France* du mois de novembre 1745, on lit, après la description de ce mécanisme, une phrase qui constate que Vaucanson cherchait encore un métier pour fabriquer le façonné comme complément de celui pour l'uni qu'il exposait. Voici le texte du *Mercure de France*, qui vient confirmer cette opinion (1) :

« L'auteur n'a encore travaillé que pour faire toutes sortes « *d'étoffes unies* comme *le taffetas, le gros de Naples, le sergé,*

(1) *Mercure de France*, novembre 1745, p. 116.

« *le satin*, etc.; des productions aussi merveilleuses d'un « génie aussi neuf et aussi étendu que celui de M. de Vau- « canson, donnent tout lieu d'espérer qu'il trouvera les « moyens de rendre les nouveaux ouvriers de sa création « également habiles pour la fabrication des étoffes façonnées, « et de nos plus belles étoffes, même brochées en or et argent; « *à quoi l'on dit qu'il travaille actuellement*. Il n'est personne « qui ne sente les avantages d'une pareille découverte, qui « peut procurer à l'État le moyen d'avoir des étoffes de soie, « des toiles même, si l'on veut, fabriquées avec bien plus de « perfection et à beaucoup moins de frais que celles où l'on « emploie des hommes, qui pouraient servir à d'autres be- « soins de l'État. »

Ce qui a pu faire croire que le métier exposé en 1745 était celui propre à la fabrication du façonné, c'est que le modèle du Conservatoire porte cette date sur le bâtis du métier; bâtis, sans doute, sur lequel a été établie plus tard la méca- nique destinée à produire le façonné, qui y figure aujour- d'hui.

Ce qu'il y a de certain, c'est que ce moyen que cherchait Vaucanson pour produire du façonné, il le trouva, puisqu'il figure, comme je viens de le dire, dans la collection du Con- servatoire (1); mais il est difficile de préciser l'époque à la- quelle il l'exposa. Tout porte à croire que ce fut de 1750 à 1760.

Il semblerait, cependant, d'après ce qu'on lit dans *l'Art du fabricant des étoffes de soies*, par Paulet, de Nîmes, que ce ne serait que plus tard qu'un métier analogue à celui de Vau- canson fonctionna à Avignon.

« Les métiers à cylindre, est-il dit dans cet ouvrage, sont « encore un chef-d'œuvre dont on ne connait pas encore le « mérite, parce que l'on n'a pas voulu sans doute l'examiner. « Je ne sais si la fabrique l'a connu; mais je l'ai vu travail-

(1) Ce métier porte l'indication n° 18, case K, dans la collection des machines du Conservatoire à Paris.

« ler à Nîmes où il a été *inventé* par un nommé Régnier,
« homme d'un très-grand génie.

« Plus tard, il monta de ces métiers dans les ateliers de « M. Reboul, fabricant à Avignon, pour faire un damas de « quatre cents cordes de rames, avec un dessin de deux « cents dizaines, qu'il avait distribué sur un nombre conve- « nable de cylindres.

« Il faut convenir qu'il est bien commode, pour un ouvrier, « de pouvoir faire *seul* ce qu'il ne saurait faire qu'à l'aide « d'un second, qui non-seulement lui coûte et lui emporte « une partie de son profit, mais il arrive très-souvent qu'on « ne peut pas trouver des gens au fait de *tirer*, ce qui cause « une perte de temps considérable (1). »

On voit, d'après ce que dit Paulet, que c'est d'un métier inventé par Régnier dont il parle. Cette machine était-elle une copie de celle de Vaucanson? Ce n'est pas probable, car l'ouvrage de Paulet est revêtu d'une approbation extraite des registres de l'Académie royale des sciences en date du 21 janvier 1774, et contresignée : de Montigny, de Vaucanson et Vandermande, tous trois délégués pour l'examen de l'ouvrage.

Or, si ce métier avait été celui de Vaucanson, il n'aurait pas donné son approbation à un livre qui constatait que c'était Régnier le Nîmois qui avait inventé le métier à cylindre, qui n'était autre que le sien. Tout ceci est donc fort obscur. Un seul fait reste constant : c'est que les métiers à cylindre ont existé avant 1774 et après 1745.

Quelle que soit, du reste, l'époque précise de l'invention qui nous occupe, il n'en demeure pas moins bien constaté qu'elle avait fonctionné bien avant que Jacquard produisit sa mécanique, puisque Vaucanson était mort depuis 1782, et que ce n'est qu'en 1804 qu'il est réellement question de la nouvelle invention.

(1) *L'art du fabricant d'étoffes de soie*, par Paulet, de Nîmes, 1er volume, préface, page VI.

Après avoir établi la date approximative de l'existence du métier de Vaucanson, il me reste à donner une idée sommaire des moyens qu'il employait pour atteindre le but qu'il se proposait. Je ne saurais mieux faire que de citer textuellement l'intéressant rapport que le savant général Piobert fit, à l'Exposition de 1855, sur la marche des inventions qui furent appliquées successivement à la fabrication des tissus de soie.

« Pour supprimer le tireur de lacs, dit M. Piobert, Vaucan-
« son se rapprocha du métier primitif des Chinois, en sup-
« primant cordes de rames, samples et cassins; puis, plaçant
« sur le métier, sens dessus dessous, la mécanique de Fal-
« con, il remplaça le tireur par une mécanique de son in-
« vention; mais il eut le tort d'abandonner la série ou
« chaîne de bandes de carton de cet inventeur, ou plutôt
« d'en revêtir un cylindre en bois également percé de trous.
« Ce cylindre effectuait à chaque coup, ou descente de la
« marche, un petit mouvement de rotation, et avait en même
« temps, au moyen d'un charriot, un mouvement horizontal
« de va et vient, pour présenter successivement de nou-
« velles rangées de trous aux aiguilles des crochets, et re-
« pousser ceux de ces derniers qui ne devaient pas être en-
« levés par la griffe (1). »

Ainsi s'exprime M. Piobert sur le métier Vaucanson.

Cette invention resta dans l'oubli plus d'un demi-siècle, et, comme je l'ai dit plus haut, c'est à peine s'il reste quelques traces de son emploi. C'est seulement au commencement de ce siècle qu'elle est tirée de l'oubli pour revêtir une forme nouvelle, et faire, par sa réapparition, une véritable révolution industrielle.

Ici commence la coopération de Jacquard; mais, avant d'arriver à cette phase de la fabrication des étoffes façonnées, je suis obligé d'entrer dans quelques détails sur les précédents de cette illustration.

(1) Rapport du jury mixte international de l'Exposition universelle de 1855, septième classe, page 381.

Jacquard, né en 1752, fils d'un ouvrier en soie de Lyon, ne suivit pas d'abord la profession de son père pour laquelle il se sentait peu de goût. Il fut successivement fondeur de caractères d'imprimerie, soldat, blanchisseur de chapeaux de paille, et lorsqu'il servait comme manœuvre chez un chaufournier du faubourg de St-Clair, je doute fort que dans ses rêves les plus fantastiques il aperçût jamais que son image fondue en bronze figurerait un jour sur la place publique de la seconde ville de France, pas plus qu'il ne rêvât qu'en 1855 son nom figurerait à côté de celui de Newton dans un des cartouches du Palais de l'industrie et des sciences. Ce ne fut qu'en 1800 qu'il s'occupa de mécanique appliquée à la fabrique.

On le vit alors prenant un brevet d'invention, le 2 nivôse an IX (23 décembre 1800), pour un métier à huit marches et à boutons, destiné à remplacer la mécanique de Ponson; mais il n'est nullement question de la substitution aux tireurs de lacs par les cartons et la marche unique.

Plus tard, Jacquard a voulu, par un excès d'amour-propre exagéré et blâmable, donner à penser que de ce brevet datait l'origine de sa mécanique; mais, il suffit de jeter les yeux sur la 62e page du IVe volume *de la Description des brevets d'invention*, pour s'assurer que le métier dont on trouve la description et le plan, est un métier à huit marches destiné à obtenir des effets de *petite tire* dans le genre de ceux de Ponson. Le rapport du jury central de l'Exposition de 1801, à laquelle Jacquard avait envoyé son métier, est là encore pour le constater. Et si quelques écrivains ont fait la même confusion, c'est en s'en rapportant sans doute aux renseignements peu exacts fournis par Jacquard lui-même.

Du reste, pour tout homme impartial, quelques années plus tôt ou quelques années plus tard ne diminuent en rien le mérite de Jacquard; mais comme, à cette époque, certains fabricants bien renseignés soutenaient à Jacquard lui-même qu'il n'avait rien inventé, mais seulement combiné deux inventions, qui chacune était connue bien avant lui, son amour-

*

propre froissé lui suggéra cette supercherie fâcheuse qui plus tard lui nuisit plus qu'elle ne lui servit, parce que, devant l'évidence du mensonge, on lui refusa même le mérite qu'il avait eu à trouver la combinaison si heureuse de la mécanique de Falcon avec celle de Vaucanson. Car, il faut bien le dire, là est toute la gloire de Jacquard, et je n'hésite pas à proclamer que c'est un éclair de génie qui lui inspira cette idée dans laquelle réside tout le mérite de la *Jacquard* actuelle.

Une médaille de bronze fut décernée à Jacquard lors de l'Exposition de 1801 ; c'était tout ce que méritait cette machine à bouton, qui n'a jamais fonctionné et dont on ne trouve aucune trace, abandonnée qu'elle avait été par Jacquard lui-même.

Entre l'apparition de cette machine à huit marches et celle de l'application des cartons de Falcon à la machine Vaucanson, il se produit certaines circonstances qu'il est indispensable de relater, parce qu'elles furent la cause indirecte de cette heureuse combinaison.

En 1802, la Société d'encouragement pour l'industrie nationale mit au concours la confection au métier de filets destinés à la pêche et au bastingage des vaisseaux; la récompense promise était une médaille de bronze et une somme de 1,000 francs.

Jacquard envoya un échantillon de filet en soie, qu'il avait fabriqué sur un métier de son invention. Ce fut à cette époque que Carnot, alors ministre, venu à Lyon à l'occasion de la *consulta*, fut visiter ce métier chez Jacquard, qui habitait alors la rue de la Pêcherie. *C'est donc toi*, *citoyen*, lui dit-il en entrant, *qui as la prétention de faire un nœud avec une corde tendue ?* — Non, répondit Jacquard; mais j'arrive au même résultat. La réponse était un peu hasardée; car la Société d'encouragement pour l'industrie nationale lui accorda le prix, quoique le filet laissât encore à désirer (1).

(1) Je possède un morceau de ce filet fabriqué par Jacquard. Sa confection laisse

Elle décida, par délibération du 2 messidor an IX (21 janvier 1803), que l'on ferait venir Jacquard à Paris pour monter son métier de filets, afin de le perfectionner. Il lui fut alloué une somme de 150 francs pour les frais de son voyage, et celle de 300 francs pour subvenir au montage de son métier (1). Il fut installé par ordre du Ministre au Conservatoire, où il travailla jusqu'en 1804.

Plus tard il poursuivit cette invention de filet; mais il ne put jamais produire un réseau convenable.

Pendant son séjour à Paris, Dutilleu, inventeur du grand régulateur pour meubles, et fabricant des plus distingués de Lyon, sachant qu'il était occupé au Conservatoire, lui écrivit « qu'il devait exister dans la collection des métiers « un mécanisme inventé par Vaucanson, dont il lui donnait « une description sommaire; que cette machine qui avait « été négligée pouvait rendre de grand services à la fabri- « que de façonné, et qu'il l'engageait donc à en prendre un « modèle pour l'envoyer à Lyon. »

Jacquard, d'après cette indication, fit des recherches et finit par découvrir, dans un coin obscur du Conservatoire des arts et métiers, cette mécanique couverte de poussière, et qui aurait probablement disparu sans ses recherches. Il en prit un modèle qu'il apporta à Lyon au commencement de 1804. Tant il est vrai que les machines industrielles anciennes servent souvent de modèle aux nouvelles.

Lorsqu'il revint à Lyon, il était muni d'une lettre du Comité d'administration de la Société d'encouragement pour l'industrie nationale, datée du 14 pluviôse an XII (4 février 1804), dans laquelle il est constaté : 1° que Jacquard a obtenu le prix pour la solution du problème proposé pour la fabrication au métier des filets de pêche; 2° qu'elle a recommandé Jacquard au Ministre du commerce pour les services qu'il a rendus par ses travaux au Conservatoire.

effectivement beaucoup à désirer, car le nœud de ce tissu est sujet à courir, et laisse au poisson la facilité d'élargir la maille pour pouvoir s'échapper.

(1) XIIIe *Bulletin* de la Société d'encouragement pour l'industrie nationale, page 109.

Cette lettre, qui est encore déposée aux archives de la Chambre de commerce, constate, comme on le voit, que Jacquard avait quelque mérite comme mécanicien, mérite que ses détracteurs lui ont toujours refusé à tort.

Ce métier arrivé à Lyon, à M. Dutilleu se joignirent M. Culhat, autre fabricant, M. Estienne, serrurier, artiste distingué dans son art, et quelques autres, pour examiner cette machine et juger de quelle utilité elle pourrait être pour la fabrique de Lyon. Elle fut déposée rue St-Marcel, dans le domicile de l'un d'eux.

Ces industriels rendaient de fréquentes visites à cette intéressante résurrection, et cherchaient les moyens à employer pour la rendre pratique. Toutes les fois qu'ils s'entretenaient de cette machine, qui les préoccupait beaucoup, ils ne la désignaient jamais que sous le nom de la *mécanique de Jacquard*. Par suite de l'habitude de cette appellation elle ne fut plus connue du public que sous ce nom-là. Il est certain que cette petite circonstance a plus puissament contribué à l'illustration du nom de Jacquard que tous les efforts que sa vanité a pu faire.

Ce fut alors que Jacquard eut l'heureuse inspiration d'appliquer les cartons enlacés du métier de Falcon à la machine de Vaucanson. Il remplaça le cylindre de cette dernière par un parallélipipède (appelé par nos ouvriers cylindre carré), qui, poussé par un chariot, venait appliquer contre la planche à aiguilles de la machine de Vaucanson, un parallélogramme de carton sur lequel le dessin était lu par des trous. A chaque révolution du chariot le parallélipipède faisait un quart de tour et présentait sur sa nouvelle face un autre carton pour le coup suivant, et ainsi de suite indéfiniment pour autant de coups que le dessin contenait de cartons.

Cette idée, véritable éclair de génie, supprimait le cylindre de Vaucanson sur lequel le nombre de coups était limité, et qu'il fallait changer contre d'autres pour produire des dessins d'une certaine hauteur. Elle supprimait l'ouvrier chargé d'appliquer les cartons dans la mécanique de Falcon. En un mot, elle résolvait le problème de faire du façonné à la grande tire avec un seul ouvrier. Elle faisait une des plus grandes révolutions connues dans l'art de tisser; révolution qui a fait le tour du monde, et qui, dit-on, a été adoptée par les Chinois eux-mêmes.

La combinaison avec le chariot était, il est vrai, d'un travail difficile; il frappait trop fort ou trop légèrement; il arrivait tantôt trop tôt, tantôt trop tard, rebondissait et faisait mal plaquer les cartons.

Ce chariot, monté sur quatre roulettes, variait facilement de droite à gauche d'une quantité minime, il est vrai, mais suffisante pour empêcher les cartons de tomber d'aplomb; de plus, il produisait un bruit insupportable, et je me rappelle avoir entendu dire à Dutilleu et à mon père, qui étaient fabricants à cette époque, que chaque tour de cylindre vous faisait fermer les yeux comme une explosion.

Jacquard le modifia plusieurs fois, mais il n'arriva jamais à le faire fonctionner d'une manière régulière et suivie.

La première mécanique que Jacquard fit établir fut construite, sur les conseils de Culhat, par Futinet et Bonhomme, intelligents mécaniciens pour la fabrique.

Sur la fin de 1805, ce fabricant se mit en rapport avec Laselve, habile praticien, qui le premier fit de la fabrication des étoffes de soie une science avec sa théorie. Ce savant théoricien vint avec empressement visiter le métier de Jacquard, qui était monté dans le Palais St-Pierre, où Jacquard était logé aux frais de la ville depuis le commencement de 1804. Il reconnut de suite par où pouvait pécher ce nouveau mécanisme; mais, étranger à la construction du métier, il ne put qu'en signaler les défauts à éviter. Il mit Jacquard en rapport avec Jean Bretton, de Privas, son compatriote; il lui avança même quelques fonds pour entreprendre ces perfectionnements (1).

(1) Les comptes des avances faites par M. Laselve à Jacquard étaient encore entre les

Bretton s'était déjà fait une réputation dans la construction des moulins à soie, et dans celle des mécaniques à dévider, auxquels il avait apporté de grands perfectionnements; il vit de suite quels étaient les inconvénients du chariot de Jacquard, et parvint, après beaucoup de tâtonnements, à lui substituer une pièce qui était levée par la marche à l'aide de courroies, et qui, en retombant, appliquait plus hermétiquement les cartons contre la planche des aiguilles que le chariot; mais, avant que ce mode fût adopté, il se passa plusieurs années pendant lesquelles celui de Jacquard était presque le seul employé.

Outre les inconvénients que comportaient ces métiers, le lisage des cartons, qui se faisait à la main, était un obstacle par le temps qu'il fallait employer à leur perçage.

En 1805, l'Empereur vint à Lyon. Le Conseil municipal de notre ville sollicita pour divers industriels, et pour Jacquard en particulier, des encouragements et des récompenses. Napoléon, qui, pour tout ce qui intéressait la prospérité et la gloire de la France, montrait toujours la plus grande sollicitude, rendit un décret daté de son palais de Lyon du 25 germinal an XIII (15 avril 1805), par lequel il accordait à Jacquard, à la charge du Trésor, une somme de 50 francs par métier qui serait monté avec une de ses machines, et ce, pendant six ans, à partir de cette date.

L'Empereur, en signant ce décret, s'écria, dit-on : *Eh bien! en voilà un qui se contente de peu.*

Le même décret accordait une pension de 500 francs à Mme Lassale, veuve du fabricant mécanicien de ce nom; une de 300 francs à Richard, chineur; une de même somme à Antoine Caillard, tisseur d'étoffes brochées, et une de 400 francs à Gonin, teinturier, inventeur du noir Gonin.

Jacquard, stimulé par cette prime de 50 francs, redoubla de zèle pour placer sa mécanique. Il est constaté, au 20 juin

mains de M. Henri Laselve fils avant l'incendie de la maison Milanais, où ils furent détruits.

1805, que tous ses efforts n'avaient abouti qu'à l'emploi de quinze de ses métiers; et au 22 mai 1807, il n'en avait encore placé que vingt-six (1).

Vers cette époque, quelques généreux fabricants, appréciant la difficulté qu'éprouvait Jacquard à propager son invention, firent des instances auprès de l'édilité lyonnaise pour qu'il lui fût fait une pension qui le mit à l'abri du besoin.

La ville fut autorisée, par un décret du 27 septembre 1806, à acquérir du sieur Jacquard toutes les machines et inventions présentes et à venir, moyennant une pension de 3,000 francs, dont la moitié reversible sur la tête de sa femme. Jacquard, de son côté, s'engageait à perfectionner sa machine et son métier de filets. La ville de Lyon, en outre, sur l'avis de la Société d'encouragement pour l'industrie nationale, concéda à Jacquard un vaste local dans l'hospice de l'Antiquaille pour y monter des métiers à filets qui, ne nécessitant pas un long apprentissage, pouvaient être exploités dans cet établissement de charité. Cette entreprise échoua complétement, après une année d'essais infructueux de la part de Jacquard.

En 1808, la même Société d'encouragement de l'industrie décerna à Jacquard le prix de 3,000 francs proposé en l'an XIII (1805), pour l'amélioration dans la fabrication des tissus façonnés, en stipulant que c'était *pour l'heureuse application des deux moyens très-ingénieux de Vaucanson et de Falcon réunis avec intelligence par Jacquard* (2) : ce qui constate d'une manière on ne peut plus évidente de quels éléments Jacquard avait constitué sa machine, et que ce n'était pas une invention, mais bien *une heureuse application*.

En 1809, le Conservatoire des arts et métiers de Lyon, établi au Palais St-Pierre, possédait divers métiers de fabrique, et notamment une mécanique à la Jacquard. Le général

(1) Les bons de ces métiers existent aux archives de la Chambre de commerce.

(2) XLIXe *Bulletin* de la Société d'encouragement pour l'industrie nationale, juillet 1808.

Piobert, membre de l'Institut, me racontait ces jours-ci : que cette année-là, le prince Lebrun, duc de Plaisance, archi-trésorier de l'Empire, étant venu à Lyon, vint visiter le Conservatoire de St-Pierre. C'était M. Piobert qui alors, jeune homme élevé dans cet établissement, travailla devant le prince à un tableau tissé, représentant l'industrie appuyée sur un lion, qui était monté sur un métier à sample de Lassalle, avec le grand régulateur inventé par Dutilleu. Il travailla également sur un métier armé d'une mécanique à la Jacquard, sur lequel était montée une étoffe parsemée d'étoiles et d'abeilles. Cette machine, m'ajoutait M. Piobert, fonctionnait mal ; le travail était souvent interrompu et l'ouvrier était obligé d'agir avec un cordon pour opérer une pression complète.

Ce Conservatoire de métiers, ou école de fabrique, avait été organisé par les soins de la Chambre de commerce de Lyon, dont M. Maillet, fabricant, était président, et M. Dutilleu membre délégué pour la direction du Conservatoire.

Les priviléges attachés à cette institution étaient très-importants. Celui des élèves qui, à la fin de l'année, obtenait le premier prix était exempt de la conscription. M. Maiziat, maître de théorie de fabrique, très-connu de plusieurs d'entre nous, mort aujourd'hui, avait joui de cette immunité, par l'obtention du premier prix de fabrique.

Plus tard, une rivalité s'établit entre cette école et l'école de dessin. La première succomba aux attaques de sa rivale, qui aurait dû être son alliée ; et ce qui paraîtra plus incroyable, et qui cependant est la réalité, c'est que la raison déterminante de la fermeture de cette école fut « que pour « maintenir la supériorité de la fabrique de Lyon, il était « inutile de répandre imprudemment l'instruction dans cet « art, et qu'il ne fallait pas trop multiplier les fabricants ; « que ce qui constituait la supériorité de la ville de Lyon, « c'est que les procédés employés n'étaient connus que d'un « petit nombre. »

Ces raisons furent admises comme péremptoires, et, malgré

l'opposition de quelques hommes intelligents et éclairés, le Conservatoire fut fermé. Quoique ces faits ne paraissent pas vraisemblables, il existe encore plusieurs personnes qui peuvent en attester la vérité.

C'est alors que l'on vendit à vil prix tous les métiers qui s'y trouvaient, y compris celui de Jacquard; et cette déplorable détermination fut la cause de l'anéantissement de certains modèles de métiers qui, aujourd'hui, figureraient certainement dans notre Musée naissant de l'industrie, et dont les plans sont perdus malheureusement (1).

L'acquéreur de ces débris brûla-t-il celui de Jacquard? c'est chose possible. C'est ce qui, sans doute, a fait dire plus tard aux romanciers que la Chambre de commerce de Lyon appuyée par les fabricants, avait ordonné que la mécanique Jacquard fût brûlée en place publique. Il est étonnant qu'ils n'aient pas ajouté que c'était après avoir été brisée par la main du bourreau...

Mais revenons à l'histoire de notre machine. Jacquard continua le placement de ses métiers jusqu'en 1811, qui était l'époque assignée pour la clôture de la prime de 50 francs par métier. Depuis 1807, jusqu'à cette époque, il n'avait réussi à placer que seize machines; d'où il résulte qu'à la fin de 1811 le nombre total des mécaniques Jacquard, fonctionnant ou ne fonctionnant pas, avait atteint le chiffre de cinquante-sept (2).

Le peu de succès du nouveau mécanisme tenait à sa construction vicieuse: les ouvriers le faisaient mouvoir difficilement; il faisait un bruit insupportable pour les voisins, et était sujet à de fréquentes réparations qui occasionnaient un chômage très-préjudiciable à ceux qui l'employaient.

Cet état de choses avait fait naître une quantité de discussions, et plusieurs fois le Conseil des prud'hommes, saisi de

(1) M. Marin, dans sa collection de modèles de métiers anciens, a reproduit cependant une partie des mécanismes employés à cette époque. C'est tout ce qui nous reste de notre passé industriel.

(2) Constatation existant dans les archives de la Chambre de commerce de Lyon par le nombre de bons.

la question, condamna Jacquard à reprendre ses machines imparfaites.

Ce sont sans doute ces discussions qui ont aussi donné aux biographes l'idée de représenter Jacquard comme un martyr de son invention, qui, disent-ils, fut brûlée en place publique, et son auteur chassé de sa ville natale par les ouvriers de Lyon ameutés contre lui.

Ces légendes sont de pures inventions. Elles rendent, il est vrai, le héros plus intéressant; mais elles ont le tort d'être mensongères et de fausser l'histoire en jetant le blâme sur une population industrielle, pour glorifier un de ses membres.

Jamais Jacquard n'a quitté Lyon, et s'il a pu se plaindre de ses concitoyens, c'est qu'il a subi les inconvénients de toute invention nouvelle qui ne remplit pas de suite son but et sa destinée. Il aurait, du reste, été injuste envers ses compatriotes, car il recevait une pension qui le mettait à l'abri des éventualités d'une irréussite.

Ce qu'il y a cependant de certain, c'est qu'en 1813 le Conseil municipal de Lyon voyant que Jacquard, malgré ses promesses, ne produisait rien, et que sa machine était délaissée faute des perfectionnements promis, s'en plaignit à lui et lui signifia que l'on mettrait fin au payement de sa pension, puisqu'il ne remplissait pas les engagements pris (1).

(1) La pension du sieur Jacquard a été payée jusqu'en 1813; à la fin de cette année le Conseil municipal se plaignant qu'il ne tenait pas ses engagements, et qu'au lieu de conserver son industrie au service de la ville, il l'employait à son avantage en traitant avec des particuliers, émit le vœu que la somme de 3,000 fr. cesserait d'être portée au budget. Son Excellence le ministre, auquel cette délibération fut soumise en novembre dernier, a pris un arrêté provisoire portant que la pension accordée au sieur Jacquard par décret du 27 octobre 1806 demeurerait suspendue jusqu'à ce que Son Excellence eût été mise à même de juger si les conditions exigées par le décret avaient été remplies par l'artiste. J'ai l'honneur de demander à la chambre de Commerce son avis sur cette suspension et l'opportunité de rétablir cette pension. (*Extrait* d'une Lettre du comte de Chabrol, préfet du Rhône, du 2 mai 1815, déposée aux archives de la Chambre de commerce de Lyon.)

Néanmoins quelques fabricants et quelques-uns de ses amis, pénétrés des services rendus par Jacquard, firent d'actives démarches qui furent couronnées de succès : elles arrêtèrent l'effet de cette décision ; la pension lui fut maintenue, et il l'a touchée jusqu'à sa mort. Là finit la participation de Jacquard au perfectionnement de son métier.

Bretton travaillait constamment à rendre l'usage de cette machine plus pratique et plus facile ; en 1815 il prit plusieurs brevets pour s'assurer la propriété des diverses modifications qu'il avait fait subir au mécanisme primitif.

Ces modifications étaient nombreuses et constituaient un ensemble fonctionnant bien mieux que le métier primitif ; il avait : 1° remplacé, comme nous l'avons dit, ce bruyant chariot par une presse à bascule levée au moyen d'une courroie en cuir. 2° Il avait gravé sur la planche de collets, de petits losanges en creux qui maintenaient fixes les crochets, qui avant cette amélioration étaient sujets à se retourner. 3° Il avait placé les pedonnes ou repairs du dessin sur le parallélipipède ou cylindre. 4° Il avait ajouté la planche à élastique qui repoussait les aiguilles d'une manière plus régulière que lorsqu'elles l'étaient par un contre-poids. Enfin, et comme complément, il combina un lisage sur lequel les cartons étaient lus et piqués mécaniquement, de manière à produire un grand nombre de dessins dans fort peu de temps.

L'usage de cette machine perfectionnée se répandit rapidement dans la fabrique lyonnaise, et les premiers fabricants de cette époque, tels que les Dutilleu, Bauvais, Depouilly, Schirmer et autres, donnèrent à son emploi un grand développement. Plus tard elle fut portée encore à une plus grande perfection par Skola qui, substituant aux courroies la bascule de la presse par la noix et une poulie courant dans une pièce de fer courbe, résolut d'une manière très-ingénieuse le problème de modifier la longueur d'un levier d'une manière définie pendant son parcours. Ce perfectionnement date de 1816 ou 1817.

Depuis lors la mécanique Jacquard n'a pas subi de grands changements, et dans celles qui fonctionnent de nos jours il en est certainement qui datent de cette époque.

Lors de l'Exposition de 1819, Bretton y présenta une mécanique de Jacquard avec toutes les améliorations qu'il y avait apportées. Une médaille d'argent lui fut décernée pour ses perfectionnements.

Jacquard n'avait point exposé; mais on voulut récompenser dignement l'auteur de la machine primitive, et il reçut la croix de la Légion d'honneur.

Dans ces derniers temps quelques perfectionnements ont été apportés par d'intelligents industriels, mais n'ont changé en rien le principe et l'ordonnance de cette machine. M. Meynier, fabricant distingué, a, par une ingénieuse combinaison, organisé un nouveau montage avec cordes de secours, pour exécuter les grands dessins dans lesquels la découpure se fait par plusieurs fils à la fois. Ce montage est très-avantageux, sous le rapport de la composition des dessins, pour opérer tous les effets de trame et dispenser des lisses de rabat, dont l'emploi énerve la chaîne, complique et ralentit le tissage.

Cette invention a paru si importante à la Chambre de commerce que, par une délibération prise en 1852, elle a acquis, avec la coopération de vingt-cinq fabricants de Lyon, les brevets de M. Meynier moyennant une somme de 50,000 fr.

En 1858, M. Vincenzi, ingénieur italien, a apporté à la machine Jacquard une modification importante. Il a remplacé les cartons par du papier sans fin, en apportant quelques changements dans le jeu des aiguilles. Avec ce procédé le fabricant peut, avec des frais bien moindres, arriver à produire les plus grands dessins. C'était l'idée primitive de Bazile Bouchon dont nous avons parlé (1).

Ces inventions sont plutôt des perfectionnements que des

(1) En 1821 MM. Depouilly Schirmer avaient fait fonctionner un métier avec un dessin en papier, mais il ne fut pas donné suite à cette combinaison qui péchait par certains inconvénients.

modifications de la machine, car, comme je le disais plus haut, les principes du mécanisme sont les mêmes.

Comme toutes les inventions, ces nouvelles applications éprouvent une grande résistance de la part de ceux qui sont appelés à en profiter; c'est à peine si quelques-uns de ces métiers nouveaux fonctionnent à Lyon. La cause de cette résistance s'explique par l'énorme quantité de métiers Jacquard existant chez les ouvriers, qui, difficilement, peuvent se décider à faire de nouveaux frais d'acquisition. Les avantages de ces changements ne leur étant pas bien démontrés, ils aiment mieux faire fonctionner les métiers dont ils sont propriétaires.

De tout ce qui précède, que conclure! si ce n'est que *Bazile Bouchon* a eu la première idée des crochets, que *Falcon* a eu la première idée des cartons enlacés, que *Vaucanson* a le premier supprimé le tireur de lacs par son cylindre automatique, et qu'enfin *Jacquard* a eu l'idée fécondante de fondre tous ces systèmes en un seul : véritable éclair de génie qui a produit la révolution industrielle à laquelle nous avons assisté.

Mais la preuve convaincante que ces inventions successives sont empruntées les unes des autres, c'est qu'un carton de Jacquard aujourd'hui en usage *peut s'appliquer sur la planche à aiguilles de Vaucanson comme sur celle de Falcon*, avec une précision qui indique clairement que la matrice primitive de Falcon a fixé les dimensions occupées par les deux novateurs qui lui ont succédé.

Je me suis assuré moi-même de cette identité de matrice en appliquant, il y a quelques jours, sur la machine de Vaucanson actuellement au Conservatoire à Paris, un carton de Jacquard dont les trous se sont rapportés d'une manière absolue sur le vieux modèle que j'avais sous les yeux.

Jacquard a eu l'heureuse idée de combiner ces différents mécanismes qui sont la base du métier fonctionnant aujourd'hui dans toutes les manufactures; mais *Dutilleu* qui a signalé, *Culhat* et *Lasselve* qui ont conseillé, *Bretton* qui a perfectionné, et *Skola* qui a complété, ont aussi des titres à la reconnaissance de notre génération industrielle qui, profitant de leurs travaux, ne doit pas laisser leurs noms dans l'oubli.

La gloire de Jacquard jette un reflet trop éclatant sur la cité qui l'a vu naitre pour qu'on veuille essayer de le ternir.

Jacquard est un type dont la portée philosophique est trop grande pour pouvoir être amoindrie. C'est l'humble ouvrier fils de ses œuvres et de son travail. C'est l'homme qu'une lumineuse inspiration met en relief, et qui, avec une persistance sans égale, poursuit opiniâtrément la réalisation de son idée.

Jacquard, nous dira-t-on, n'a pas inventé, et tout le mérite doit revenir à l'humble ouvrier Falcon comme à l'illustre mécanicien Vaucanson; il n'a pas même pu mener à bien sa combinaison et a eu besoin d'intelligents auxiliaires sans lesquels son idée n'eût pas abouti. C'est vrai, et c'est sur les noms de ces auxiliaires que je voudrais voir briller un rayon de sa gloire, sans pour cela la ternir. Mais quel est donc le grand homme qui n'a pas eu besoin d'auxiliaires pour arriver à la gloire? Les grands capitaines ont eu de vaillantes armées, les grands ministres ont eu d'intelligents conseillers, et les grands peintres ont eu leurs maitres.

Nous, les compatriotes de Jacquard, acceptons donc sa glorieuse renommée; considérons-le comme un type dans lequel l'ouvrier lyonnais reconnait un des siens, et qui prouve que tout homme de génie peut aspirer aux honneurs du bronze.

J'ai fini la tâche que je m'étais imposée : je l'ai faite avec toute l'impartialité que méritait le sujet; secondé que j'ai été par la bienveillance de feu M. Gamot, notre collègue de regrettable mémoire, qui avait bien voulu me communiquer ses intéressantes notes; par M. le général Piobert, qui, dans ses amicales conversations, m'a fixé sur certains points douteux, ayant fait lui-même un rapport sur ce sujet, lors de l'Exposition générale de 1855. La bibliothèque de la ville, les archives de la Chambre de commerce m'ont fourni les documents où j'ai puisé la plupart des autres faits et les dates que je cite.

Mu par le seul désir de mettre en lumière toute la vérité sur ce qui s'était passé pendant les phases diverses de la création de la célèbre machine, j'ai négligé les détails de la vie de Jacquard qui, quoique intéressants, n'avaient pas un trait direct à mon sujet.

J'aurais dû peut-être vous dire que j'ai connu Jacquard, et que ses biographes se sont généralement trompés sur le caractère de notre compatriote. Ils l'ont représenté comme un homme de mœurs et de caractère antiques, grave et rêveur, absorbé par la haute portée de ses pensées. C'est une erreur; Jacquard avait peu de portée dans l'esprit; il était, quoi qu'on en ait pu dire, artiste et chercheur, il en avait les qualités et les défauts, intelligent et adroit, mais vaniteux, et, faut-il le dire? un peu paresseux. D'un caractère bon et obligeant, il n'avait d'autre tort que de se faire valoir à tout propos. Sa gloire l'avait aveuglé; elle en aurait bien ébloui d'autres.

Mais tel n'est pas mon sujet; ce n'est point la vie de Jacquard que je me proposais de publier, mais bien l'histoire du métier Jacquard. En me chargeant de cette tâche, j'ai cru remplir un devoir. Ai-je réussi? Vous êtes juges.

www.ingramcontent.com/pod-product-compliance
Ingram Content Group UK Ltd.
Pitfield, Milton Keynes, MK11 3LW, UK
UKHW012131240726
13965UKWH00005B/2115

9 782013 468084